Paul Langevin

La physique
des électrons

Science

ISBN : 978-1544246376

10 9 8 7 6 5 4 3 2 1

Paul Langevin

La physique des électrons

Science

Table de Matières

INTRODUCTION

La fécondité singulière manifestée par la notion nouvelle, par le fait expérimental de la structure discontinue, corpusculaire, des charges électriques semble être le caractère le plus saillant des travaux modernes en Électricité. Ses conséquences pénètrent dans tous les domaines de l'ancienne Physique toutes puissantes en Électromagnétisme, en Optique, en Chaleur rayonnante, elles viennent jeter une clarté nouvelle jusque sur les conceptions fondamentales de la Mécanique newtonienne et rajeunir les vieilles idées atomistiques au point de les faire passer du rang des hypothèses à celui des principes, grâce au lien étroit qu'établissent les lois de l'électrolyse entre la structure atomique de la matière et celle de l'électricité. Sans chercher à parcourir ici le champ tout entier de ces applications, je voudrais indiquer sur quelles bases solides, expérimentales et théoriques, repose dès maintenant la notion d'électron, fondement de la Physique nouvelle, souligner les points qui semblent demander une lumière plus complète et montrer combien vaste est la synthèse que l'on peut espérer en déduire, synthèse dont seules les grandes lignes paraissent arrêtées aujourd'hui. Sous sa forme actuelle et provisoire, cette synthèse constitue un admirable instrument de recherches, et, grâce à elle, les questions se posent dans toutes les directions. Il y a là en quelque sorte une Amérique nouvelle, où l'on respire à l'aise, qui sollicite toutes les activités et qui peut enseigner beaucoup de choses au vieux Monde.

I. — L'ÉTHER ÉLECTROMAGNÉTIQUE

1. Champs et charges. — On peut dire que l'effort génial de FARADAY, de MAXWELL et de HERTZ a eu pour résultat de nous donner une connaissance précise des propriétés de l'éther électromagnétique et lumineux, du milieu homogène et vide de matière dont l'état se trouve entièrement défini, au phénomène près de la gravitation, quand nous connaissons en chacun de ses points la direction et la grandeur des deux champs électrique et magnétique. J'insiste dès maintenant sur la possibilité d'atteindre

Paul Langevin

ces notions, ainsi que la notion connexe de charge électrique, indépendamment de toute dynamique, je veux dire par des considérations n'impliquant nullement la connaissance des lois du mouvement de la matière. Les deux champs présentent cette propriété que leur divergence est complètement nulle en tout point de l'éther; autrement dit, que les flux de force électrique et magnétique à travers une surface fermée ne contenant pas de matière sont rigoureusement nuls. C'est, en effet, toujours la matière, au sens ordinaire du mot, qui contient et peut fournir les charges électriques autour desquelles existe la divergence du champ électrique, de sens variable avec le signe des charges. Dans le cas extrême où les charges électriques paraissent le plus complètement dégagées de leur support matériel, pour les rayons cathodiques par exemple, les faits expérimentaux de la structure granulaire de ces rayons, de la complète indestructibilité de leur charge, le fait, enfin, que les corpuscules cathodiques, par cela même qu'ils sont chargés, possèdent la propriété fondamentale de la matière, l'inertie, et subissent des accélérations dans le champ électromagnétique, ces faits ne permettent pas de distinguer les charges soi-disant libres de la matière ordinaire électrisée. Bien plus, nous arriverons à cette notion que non seulement il ne peut y avoir charge électrique sans matière, mais que, vraisemblablement, il ne peut y avoir matière sans électricité: une agglomération de centres électrisés des deux signes, analogues aux corpuscules cathodiques, possède presque toutes les propriétés de la matière par le fait seul que les centres sont électrisés. Nous verrons dans quelles limites cette conception peut être acceptée comme suffisante, et s'il est nécessaire de superposer d'autres propriétés à la charge électrique des centres pour obtenir une image satisfaisante de la matière. L'éther seul, au contraire, ne renferme jamais d'électricité. Si l'expérience nous oblige à admettre l'existence de charges électriques positives et négatives, d'un flux de force électrique différente de zéro à travers une surface fermée tracée tout entière dans l'éther et contenant de la matière électrisée, il en est autrement pour le champ magnétique, car l'expérience n'a jamais jusqu'ici présenté aucun cas où une surface fermée tracée dans l'éther fût traversée par un flux magnétique différent de zéro. Seuls d'intéressants phénomènes observés récemment par M. VILLARD, dans l'action d'un champ magnétique intense

I. — L'ÉTHER ÉLECTROMAGNÉTIQUE

sur la production des rayons cathodiques, paraîtraient recevoir une explication simple dans l'hypothèse des charges magnétiques libres ; mais il n'est nullement certain que cette hypothèse soit nécessaire.

2. Les équations de Hertz. — Les deux champs électrique et magnétique dont l'éther peut être le siège sont liés l'un à l'autre de telle manière que l'un d'eux ne peut exister seul qu'à la condition de ne pas varier; toute variation du champ électrique produit un champ magnétique : c'est le courant de déplacement de MAXWELL, et toute variation de champ magnétique produit un champ électrique : c'est le phénomène d'induction découvert par FARADAY. Ces deux relations sont traduites par les équations de HERTZ, qui résument complètement notre connaissance du milieu électromagnétique, et qui impliquent que toute perturbation du milieu s'y propage avec la vitesse de la lumière. HERTZ eut la gloire de vérifier ce fait expérimentalement.

3. L'énergie. — On peut dire encore que l'éther est le siège de deux formes distinctes de l'énergie, la forme électrique et la forme magnétique, susceptibles de se transformer l'une dans l'autre par l'intermédiaire de la matière, c'est à dire des centres électrisés qu'elle contient. Dans l'éther seul, en effet, dans la radiation qu'il propage, les champs électrique et magnétique, transversaux à la direction de la propagation, représentant toujours des énergies égales dans chaque élément de volume, sans oscillation de l'énergie d'une forme à l'autre. En présence de matière, au contraire, l'énergie électrique peut exister seule, et ce sont les mouvements des centres électrisés qui permettent sa transformation en énergie magnétique et réciproquement. La matière seule peut être source de radiations. Il faut ajouter aux deux formes précédentes l'énergie de gravitation, qui correspond probablement à un troisième mode d'activité de l'éther, dont la connexion avec les deux autres est encore obscure. J'insiste ici encore sur ce point que le principe d'équivalence des diverses formes de l'énergie ainsi que les procédés permettant de les mesurer peuvent s'atteindre indépendamment de toute notion dynamique, par des procédés faisant intervenir uniquement des systèmes matériels en équilibre.

4. La théorie de Lorentz. — L'éther nous étant ainsi complètement connu au point de vue électro-magnétique et optique, le problème qui se posait aux continuateurs de MAXWELL et de LORENTZ était celui de la connexion entre l'éther et la matière, la matière inerte, source et récepteur des radiations. que l'éther transmet. Le lien cherché nous est fourni par l'électron ou le corpuscule, centre électrisé mobile par rapport à l'éther. Ce fut l'idée fondamentale de LORENTZ de concevoir la possibilité d'un déplacement relatif des charges électriques, centres de divergence du champ, et de l'éther envisagé comme immobile. Ce déplacement s'effectue, d'ailleurs, sans aucune modification de la grandeur des charges, c'est à dire qu'une surface qui se déplace clans l'éther avec elles est traversée par un flux électrique complètement invariable : c'est le principe fondamental de la conservation de l'électricité, qui absorbera peut-être le principe de conservation de la matière, s'il ne peut y avoir matière sans électricité. Il est, cependant, probable que l'électricité seule ne suffit pas à construire la matière. Nous n'avons actuellement aucun renseignement plus précis sur ce déplacement relatif des charges électriques et de l'éther, des centres électrisés dans le milieu immobile, aucune forme tangible sous laquelle nous puissions le concevoir. Les essais tentés jusqu'ici pour en obtenir une représentation concrète, pour donner une structure à l'éther, sont restés à peu près stériles. Peut-être y a-t-il là une difficulté qui tient à la nature actuelle de notre esprit, habitué par notre évolution séculaire à penser en matière alors qu'il est peu raisonnable de chercher à construire le milieu simple et un qu'est l'éther à partir du milieu compliqué et divers qu'est la matière. Je reviendrais plus loin sur ce point à propos des théories mécaniques de l'éther. Je crois qu'il faudra nous habituer à penser en éther, indépendamment de toute représentation matérielle. Si la charge électrique est supposée répartie en volume dans une portion du milieu, le principe de conservation, joint à la possibilité du déplacement relatif des charges et de l'éther, oblige à modifier dans cette portion les équations de HERTZ relatives au courant de déplacement par l'addition d'un courant de convection, conséquence nécessaire de l'existence du courant de déplacement, et impliquant production d'un champ magnétique par le déplacement de charges électriques à travers le milieu. Cette conséquence des équations de Hertz a reçu maintenant une confirmation expérimentale complète. De plus, les faits expérimentaux imposent à ces charges mobiles

I. — L'ÉTHER ÉLECTROMAGNÉTIQUE

une structure discontinue, granulaire, conduisant à la notion de l'électron comme une région singulière de l'éther, portant une charge d'un signe déterminé répartie sur sa surface ou dans son volume suivant que l'intensité du champ électrique est supposée présenter ou non une discontinuité quand on traverse la surface qui limite le volume occupé par l'électron. L'inertie d'origine électromagnétique que nous allons reconnaître à un semblable centre s'oppose, sous peine de devenir infinie, à l'hypothèse d'une charge électrique finie condensée en un point sans étendue. Des considérations très variées et de plus en plus précises sont venues converger vers cette notion de la structure atomique des charges, point de départ de tous les travaux récents en Electricité.

II — L'ATOME D'ÉLECTRICITÉ

1. L'Électron. — Les si remarquables lois de l'électrolyse, découvertes par FARADAY, établissent un lien intime et, nécessaire entre la structure atomique de la matière et celle de l'électricité. Elles ont suffi pour conduire HELMHOLTZ à concevoir cette dernière comme constituée de portions distinctes, insécables, éléments de charge, toutes identiques au point de vue de la quantité d'électricité qu'elles portent, et différant seulement par le signe. Cette charge élémentaire est égale à celle que transporte un atome ou un radical monovalent dans l'électrolyse ; un atome ou un radical polyvalent porte un nombre entier de pareils éléments. Ce fut JOHNSTONE STONEY qui employa le premier le mot électrons pour désigner ces atomes d'électricité, conçus tout d'abord comme distincts de la matière, à laquelle ils peuvent se combiner pour donner les ions électrolytiques. La présence de semblables électrons, combinés aux atomes matériels, lui permit de représenter certaines particularités des spectres de lignes, l'existence de doublets à même intervalle de fréquence, l'électron en mouvement étant considéré comme source d'émission des ondes lumineuses.

2. Les gaz conducteurs. — Mais ce sont les recherches sur la conductibilité électrique des gaz qui sont venues imposer de manière nécessaire la notion des atomes d'électricité, qui ont rendu cette notion plus tangible en permettant de compter les centres électrisés, de les saisir individuellement et de mesurer pour la première fois leur charge en valeur absolue. Déjà en 1882, GIESE, en observant les caractères particuliers de la conductibilité des gaz issus d'une flamme, les écarts à partir de la loi d'OHM, l'impossibilité d'extraire du gaz, quel que soit le champ électrique employé, plus d'une quantité limitée d'électricité, la recombinaison progressive des charges disponibles dans le gaz, avait émis de façon précise cette idée que, comme dans les électrolytes, les charges électriques mobiles dans les gaz sont portées par des centres distincts, en nombre limité, positifs et négatifs, susceptibles de se mouvoir en sens inverses sous l'action d'un champ électrique extérieur pour aller décharger les corps électrisés qui produisent ce champ. Il est difficile, en effet, de concevoir comment, dans l'hypothèse où les charges des deux signes disponibles dans le gaz seraient réparties dans l'espace de manière continue, une niasse de gaz électriquement neutre pourrait fournir une quantité limitée d'électricité de chaque signe, diminuant avec le temps par recombinaison progressive si l'on tarde à établir le champ électrique dans le gaz. Il faut bien admettre, pour les deux électricités, une structure discontinue, qui leur permettra de coexister sans se neutraliser de manière complète. La recombinaison progressive des particules chargées ou ions des deux signes, présents en nombre limité, se produira au moment de leurs collisions mutuelles. Le phénomène du courant de saturation, de la quantité limitée d'électricité disponible dans le gaz, se retrouva dans des conditions plus favorables à une étude expérimentale précise lorsque, aussitôt après la découverte des rayons de RÖNTGEN et des radiations connexes, on eut reconnu leur propriété de rendre conducteurs les gaz qu'ils traversent. Les charges limitées qu'on peut extraire des gaz ainsi modifiés, la vitesse finie et facilement mesurable avec laquelle ces charges se déplacent sous l'action d'un champ électrique, leur recombinaison progressive, s'interprètent admirablement dans l'hypothèse où la radiation, comme la température élevée dans la flamme, dissocie un certain nombre de molécules du gaz en fragments électrisés portant des charges de signes contraires.

3. Phénomènes de condensation. — On sait comment les phénomènes de condensation de la vapeur d'eau sursaturante par les gaz rendus conducteurs, déjà rapportés par ROBERT VON

HELMHOLTZ à la présence des ions, sont venus apporter une confirmation éclatante aux hypothèses précédentes. Grâce aux travaux de J. J. THOMSON, TOWNSEND, C. T. R. WILSON, H. A. WILSON, les gouttelettes d'eau visibles, formées chacune par condensation autour d'un centre électrisé, viennent apporter un témoignage tangible de l'existence de ceux-ci, et fournir un moyen de mesurer leur charge, présente sur chaque goutte d'eau formée et égale environ à 3, 4 X 10^(-10) unité électrostatique C. G. S. d'après les mesures récentes de J. J. THOMSON et de H. A. WILSON. L'idée fondamentale dans ce genre de mesures, appliquée pour la première fois par M. TOWNSEND aux gouttelettes chargées qui se produisent en présence de vapeur d'eau simplement saturante dans les gaz récemment préparés, consiste à déduire la masse de chaque gouttelette de sa vitesse de chute sous l'action de la pesanteur seule. Une formule de STOKES, donnant la résistance éprouvée par une sphère en mouvement dans un milieu visqueux, relie la vitesse de chute au rayon de la goutte et, par suite, à sa masse. On en déduira la charge électrique portée par chaque goutte si l'on connaît le rapport de cette charge à la masse. Ce rapport petit s'obtenir, comme l'ont fait MM. TOWNSEND et J. J. THOMSON, en mesurant ou calculant la masse totale d'eau portée par les gouttes, supposées toutes identiques, ainsi que la quantité totale d'électricité portée par les ions qui ont servi de centres pour la formation des gouttes. La charge ainsi obtenue fut trouvée égale, pour chaque centre, à 3 X 10^(-10) u. C.G. S. par M. TOWNSEND, dans le cas des gaz de l'électrolyse, et à 6, 5 X 10^(-10) par le Professeur J. J. THOMSON, dans une première série de mesures sur les gaz ionisés par les rayons de RÖNTGEN. M. H. A. WILSON obtint plus simplement le rapport de la charge à la masse d'une goutte en comparant la vitesse de chute de celle-ci, sous l'action de la pesanteur seule, à sa vitesse de chute dans un champ électrique vertical. On obtient ainsi directement le rapport cherché, et ce procédé a l'avantage de bien mettre en évidence que les charges électriques sont portées effectivement par les gouttes, et de séparer les gouttes qui portent une charge double ou triple. M. WILSON donne comme résultat moyen de ses mesures le nombre 3, 1 X 10^(-10), très voisin de celui de M. TOWNSEND. Une seconde série d'expériences du Professeur J. J. THOMSON, où il employa

Paul Langevin

comme sources d'ionisation des corps radioactifs, plus constants qu'un tube de CROOKES, et où il s'efforça d'utiliser tous les ions présents dans le gaz pour la formation des gouttes, en produisant la sursaturation de la vapeur d'eau par une détente aussi rapide que possible et assez grande pour provoquer la condensation aussi bien sur les ions positifs que négatifs, lui donna comme résultat moyen $3, 4 \times 10^{-10}$, en accord complet avec ceux des autres expérimentateurs. Les principes de la Thermodynamique rendent parfaitement compte de cette influence d'un centre électrisé sur la condensation de la vapeur d'eau, la charge électrique d'une gouttelette diminuant la pression de la vapeur en équilibre avec elle. Bien plus, la sursaturation minimum reconnue nécessaire par C. T. R. WILSON pour la formation des gouttes d'eau sur les ions, la même quelle que soit leur origine (rayons de RÖNTGEN, de BECQUEREL, aigrette, action de la lumière ultraviolette sur un métal chargé négativement), permet, par des raisonnements de pure Thermodynamique, de calculer approximativement la charge portée par chacun de ces ions, et ce calcul, entièrement distinct de la mesure directe, conduit à la valeur 5×10^{-10} C.G.S.

4. Le rayonnement intégral. — Plus surprenant encore est le résultat obtenu récemment par H. A. LORENTZ, qui parvint à baser une mesure précise de la charge élémentaire portée par les centres électrisés présents dans les métaux sur l'étude expérimentale du rayonnement intégral. Nous verrons comment l'absorption et l'émission d'ondes calorifiques et lumineuses par la matière sont liées à la présence dans celle-ci d'électrons en mouvement. Le rapport, pour une radiation de longueur d'onde donnée, entre le pouvoir émissif et le pouvoir absorbant, rapport indépendant de la nature de la substance, représente le pouvoir émissif du radiateur intégral que des mesures bolométriques donnent directement. Or, ce rapport peut se calculer, comme l'a montré LORENTZ, pour des longueurs d'onde suffisamment grandes par rapport au chemin moyen des électrons, en fonction de la charge portée par chacun de ceux-ci. La comparaison de ce résultat avec les mesures de KURLBAUM fournit un moyen entièrement nouveau d'obtenir cette charge et donne $3, 7 \times 10^{-10}$ C.G.S.

5. La théorie cinétique. Enfin, dernière confirmation qui précise davantage encore notre connaissance de l'atome d'électricité et notre confiance dans cette conception fondamentale : par des raisonnements simples de théorie cinétique, TOWNSEND, en comparant la mobilité, sous l'action d'un champ électrique, des ions présents dans un gaz, à leur coefficient de diffusion à l'intérieur de ce gaz, quantités mesurées expérimentalement, a pu démontrer l'identité de la charge d'un de ces ions gazeux et de l'atome d'électricité d'HELMHOLTZ, la charge de l'atome d'hydrogène dans l'électrolyse. De là se déduit une nouvelle confirmation quantitative des valeurs obtenues pour cette charge élémentaire, car elles permettent grâce à ce résultat de TOWNSEND, de connaître la charge d'un atome monovalent dans l'électrolyse et d'en déduire immédiatement la constante d'AVOGADRO, le nombre des molécules contenues dans un volume donné d'un gaz. Le résultat est entièrement d'accord avec les évaluations, en général beaucoup plus grossières, qu'on avait pu déduire de la théorie cinétique des gaz. Voilà un faisceau important d'indications concordantes, quoique d'origines absolument distinctes, qui mettent hors de doute la structure granulaire des charges électriques et, par conséquent, la structure atomique de la matière elle-même. Les mesures que je viens de rappeler permettent de nous établir en toute sécurité sur le terrain, jusque-là mouvant, des grandeurs moléculaires. Je tiens à souligner ici ce résultat extrêmement remarquable, (et qui tient sans doute à quelque propriété fondamentale de l'éther), que tous ces centres électrisés sont identiques dès maintenant au point de vue de la charge qu'ils portent. Il nous faut pénétrer plus avant dans leurs propriétés, dans leurs relations avec les atomes matériels, déterminer leur grosseur relative par rapport ceux-ci, pour aboutir à la notion la plus précise que nous possédions aujourd'hui dans ce domaine, celle des électrons négatifs ou corpuscules cathodiques, tous identiques non seulement au point de vue de leur charge, mais aussi au point de vue de leurs propriétés dynamiques. Nous sommes malheureusement beaucoup moins renseignés sur les centres positifs.

III — INERTIE ET RAYONNEMENT

1. Le sillage électromagnétique. — Mais, avant d'aller plus loin, il importe d'indiquer tout ce que l'on peut tirer du point de vue

Paul Langevin

auquel nous sommes arrivés maintenant : des centres électrisés dont l'existence est établie expérimentalement et dont nous connaissons la charge en valeur absolue, mobiles par rapport à un éther fixe défini par les équations de Hertz, sans que nous ayons eu besoin de recourir, pour en arriver là, à aucune considération dynamique. Dans quelle mesure les propriétés connues de la matière peuvent-elles se déduit de ces deux notions d'électron et d'éther et que devons-nous admettre en dehors de celles-ci pour édifier une synthèse ? Nous allons voir rapidement, en précisant notre conception de l'électron, comment elle peut suffire pour représenter à la fois l'inertie de la matière, ses propriétés dynamiques et son pouvoir d'émettre et d'absorber les radiations électromagnétiques (que l'éther transmet). La possibilité de concevoir l'inertie, la masse, non pas comme une notion fondamentale, mais comme une conséquence des lois de l'électromagnétisme est une conception qui a son origine dans un important Mémoire publié en 1881 par J. J. THOMSON. Il y étudie, en s'appuyant sur l'existence du courant de déplacement de MAXWELL, le champ électromagnétique qui accompagne une sphère électrisée en mouvement. Ce mouvement implique changement du champ électrique en un point fixe par rapport au milieu, donc courant de déplacement et, par suite, production d'un champ magnétique conformément à l'idée de MAXWELL. C'est encore la nécessité du courant de convection que j'ai signalée plus haut. Le champ magnétique produit, analogue à celui d'un élément de courant parallèle à la vitesse du mobile électrisé, est proportionnel en chaque point à cette vitesse, du moins tant que celle-ci ne s'approche pas trop de celle de la lumière. Cette production d'un champ magnétique au moment de la mise en mouvement du mobile implique une dépense d'énergie proportionnelle, en première approximation, pour les vitesses faibles par rapport à celle de la lumière, au carré de la vitesse, c'est à dire de même forme que l'énergie cinétique ordinaire. Donc, une partie au moins de l'inertie d'un corps électrisé est une conséquence de sa charge électrique. De plus, le champ magnétique ainsi produit, et le champ électrique d'autant plus modifié par lui qu'on s'approche davantage de la vitesse de la lumière, constituent, autour du centre électrisé en mouvement de translation, un sillage qui l'accompagne (à travers l'éther) sans modification aucune tant que la vitesse reste constante. Il est, d'ailleurs, nécessaire qu'une action extérieure intervienne pour modifier l'énergie du sillage et, par conséquent, pour augmenter ou diminuer la vitesse. Ceci implique, en l'absence même de toute autre inertie que celle d'origine électromagnétique due à la production du sillage, la loi fondamentale de GALILÉE sur la conservation de la vitesse acquise, en l'absence de toute action, de tout champ de force extérieur. C'est ici l'éther immobile, le milieu électromagnétique qui sert de support fixe aux axes par rapport auxquels le principe de l'inertie est applicable, et dont la Mécanique ordinaire se borne à affirmer l'existence en disant : il existe un système d'axes, déterminé à une translation uniforme près, par rapport auquel le principe de GALILÉE se vérifie exactement.

2. Le mouvement absolu. — Si nous pouvons, au point de vue actuel, concevoir l'éther comme supportant ces axes de GALILÉE, il n'en résulte pas nécessairement que les phénomènes électromagnétiques nous permettent d'atteindre le mouvement absolu. Il semble bien, au contraire, que des expériences statiques effectuées dans un système matériel par un observateur entraîné avec ne lui permettent pas, quelle que soit la précision des mesures électromagnétiques ou optiques, de mettre en évidence le mouvement d'entraînement du système par rapport à l'éther si ce mouvement est une translation. M. LARMOR et, plus complètement, M. LORENTZ ont démontré que, s'il n'existe clans le système entraîné que des actions d'origine électromagnétique, il est possible d'établir de manière complète une correspondance statique (relative à des positions d'équilibre ou à des franges noires en optique) entre le système en mouvement et un système fixe par rapport à l'éther, au moyen d'un changement de variables qui conserve aux équations électromagnétiques par rapport aux axes mobiles la forme exacte qu'elles possèdent pour un système fixe. Les deux systèmes diffèrent l'un de l'autre en ce que le système mobile est légèrement contracté, par rapport au système fixe, dans le sens de la translation, d'une quantité toujours très faible, proportionnelle au carré du rapport de la vitesse d'entraînement à la vitesse de la lumière. Cette contraction affecte également tous les éléments du système mobile, les électrons eux-mêmes, si les actions intérieures sont uniquement des actions électro-magnétiques ou

Paul Langevin

se comportent comme elles, et l'observateur ne peut pas plus la constater qu'il ne peut constater le mouvement d'entraînement. Ainsi se trouvent expliquées les expériences négatives nombreuses dirigées dans ce sens, de MICHELSON et MORLEY, de LORD RAYLEIGH, de BRACE, de TROUTON et NOBLE, si l'on admet que toutes les actions intérieures à la matière sont d'origine électromagnétique. Peut-être des expériences d'un autre type que celles qu'on a tenté jusqu'ici, des expériences dynamiques et non plus statiques, permettront-elles de saisir le mouvement absolu, les axes liés à l'éther, au lieu d'en simplement concevoir l'existence. Mais nous verrons plus loin qu'il semble difficile d'éliminer toute action étrangère, non électromagnétique, et il faudrait alors admettre, avec M. LORENTZ, pour que la correspondance subsiste, que, dans le système entraîné, les forces et les masses d'origine non électromagnétique sont modifiées exactement comme les forces et les masses électro-magnétiques, hypothèse assez compliquée, dans l'état actuel de la question. Mais il n'est pas nécessaire d'en arriver là : il paraît vraisemblable que ces actions étrangères, nécessaires à l'intérieur de l'électron pour assurer sa stabilité, et pour représenter la gravitation, probablement connexe, n'interviennent pas de manière appréciable dans les expériences rappelées plus haut, et que tout se passe dans celles-ci comme si les forces électromagnétiques, seules à y jouer un rôle, existaient seules aussi.

3. L'inertie électromagnétique. — Le problème du sillage électromagnétique qui accompagne une sphère ou un ellipsoïde électrisés, en mouvement de translation uniforme dans l'éther, a été repris et complètement résolu, après J. J. THOMSON, par, HEAVISIDE et SEARLE. MAX ABRAHAM a montré que leurs résultats subsistent à un facteur numérique près lorsque, au lieu de supposer le corps conducteur, on suppose sa charge répartie uniformément dans le volume. Parmi les résultats les plus importants contenus dans cette solution du problème de J. J. THOMSON je signalerai ceux-ci : que, dans le cas d'une sphère conductrice, la charge électrique reste uniformément répartie sur la surface, quelle que soit la vitesse, tandis que le champ électrique à distance tend à se concentrer de plus en plus dans le plan équatorial à mesure que la vitesse s'approche de celle de la lumière ; de plus, l'énergie qu'il faut dépenser au moment de la mise en mouvement dans la modification correspondante du champ électromagnétique entourant la sphère, dans son sillage, cesse d'être proportionnelle au carré de la vitesse et augmente indéfiniment quand celle-ci s'approche de la vitesse des ondes lumineuses ; la loi d'accroissement de cette énergie cinétique d'origine électromagnétique, énergie de self-induction du courant auquel la particule chargée en mouvement équivaut, se déduit facilement de la solution de SEARLE. Sans aucune autre hypothèse que celle de sa charge électrique, l'électron se trouve donc posséder l'inertie définie comme capacité d'énergie cinétique, avec une loi particulière de variation de celle-ci en fonction de la vitesse, loi dont l'allure varie peu avec les hypothèses faites sur la forme de l'électron et sur la répartition des charges électriques. Dans tous les cas, on retrouve l'impossibilité de communiquer à l'électron une vitesse égale à celle de la lumière, au moins de manière permanente. Au lieu de considérer l'électron comme sphérique, quelle que soit la vitesse, M. LORENTZ l'admet sphérique au repos avec une distribution uniforme des charges ; mais, si les actions intérieures à l'électron sont uniquement d'origine électromagnétique, nous avons vu que celui-ci doit s'aplatir dans la direction de son mouvement d'une quantité proportionnelle au carré $(v^2)/(V^2)$ du rapport de sa vitesse de translation à la vitesse de la lumière, pour devenir un ellipsoïde de révolution aplati, le diamètre équatorial restant égal au diamètre de la sphère primitive. Ceci conduit, comme on le verra, à une loi d'inertie électromagnétique différente de l'inertie d'une sphère invariable. Nous verrons plus loin qu'il ne paraît pas nécessaire de supposer aux électrons, négatifs tout au moins, aucune inertie en dehors de celle-là, sans que les expériences soient encore assez précises pour permettre d'atteindre la forme même de l'électron dont dépend la loi de variation de l'énergie cinétique avec la vitesse.

4. Deux problèmes. — Nous avons seulement examiné jusqu'ici le cas d'un électron en mouvement uniforme, en l'absence de tout champ électromagnétique extérieur capable de modifier le mouvement de l'électron en lui communiquant une accélération. Le problème général de la connexion entre l'éther et l'électron, qui représente vraisemblablement la partie la plus importante de la connexion entre l'éther et la matière, est double. En premier lieu, quelle est la perturbation électromagnétique qui accompagne (dans l'éther) un déplacement quelconque et donné d'électrons ? En second lieu, quel mouvement prendront ces électrons, libres de se mouvoir dans un champ électro-magnétique extérieur, superposé à celui qui constitue leur sillage ?

5. Onde de vitesse, onde d'accélération. — Nous possédons tous les éléments pour la solution du premier problème, dont celui du mouvement uniforme n'est qu'un cas particulier. M. LORENTZ en a donné, sous une forme très simple, la solution générale par l'intermédiaire des potentiels retardés. Chaque élément de charge en mouvement donné détermine, par sa position, sa vitesse et son accélération à l'instant t, les champs électrique et magnétique à l'instant t + tau sur une sphère ayant pour centre la position à l'instant t, et pour rayon le chemin parcouru par la lumière pendant le temps tau. M. LORENTZ a donné les expressions des deux potentiels électrostatique et vecteur dont les champs se déduisent par les formules connues. Les expressions complètes de ces champs, qui ont été données pour la première fois par M. LIENART, comprennent chacune deux parties : la première dépend uniquement de la vitesse de l'élément de charge à l'instant t et contribue à former le sillage qui accompagne l'électron dans son déplacement ; je l'appellerai onde de vitesse. Cette onde de vitesse, qui existe seule dans le cas du mouvement uniforme, a son champ électrique dirigé partout vers la position qu'occuperait l'élément de charge à l'instant t + tau s'il avait conservé depuis l'instant t la vitesse qu'il avait à ce moment ; M. SCHWARTZSCHILD appelle cette position le point d'aberration ; elle coïncide avec la position vraie du mobile à l'instant t + tau si le mouvement est uniforme. L'autre partie des deux champs fait intervenir l'accélération, et les directions des deux champs y sont perpendiculaires l'une à l'autre et perpendiculaires au rayon, en même temps que les deux champs électrique et magnétique y représentent des énergies égales ; ce sont là tous les caractères de la radiation se propageant librement (dans l'éther). Je l'appellerai onde d'accélération. De plus, les intensités des champs variant ici en raison inverse de la distance au centre, l'énergie représentée par cette onde d'accélération ne tend pas vers zéro quand le temps t augmente indéfiniment ; il y a donc énergie rayonnée à l'infini par l'onde d'accélération. L'onde de vitesse, au contraire, dans laquelle l'intensité des champs varie en raison inverse du carré du rayon (V*tau), ne transporte aucune énergie à l'énergie des ondes de vitesse accompagne l'électron dans son déplacement ; elle contient son énergie cinétique.

6. Radiation implique accélération. — On en conclut qu'un centre électrisé soumis à une accélération, et seulement alors, rayonne à l'infini, sous forme d'une onde transversale, d'une radiation électromagnétique, une quantité finie d'énergie proportionnelle, par unité de temps, au carré de l'accélération. L'origine de la radiation électromagnétique, de toute radiation est donc dans l'électron soumis à une accélération ; c'est par son intermédiaire que la matière fonctionne comme source d'ondes hertziennes ou lumineuses. Toute accélération, tout changement qui s'opère dans l'état de mouvement d'un système d'électrons se traduit par l'émission d'ondes. Le caractère de l'onde émise change naturellement suivant que l'accélération est brusque, discontinue, ou périodique. Dans le premier cas, réalisé par exemple lors de l'arrêt brusque, par une anticathode, des électrons ou corpuscules négatifs qui constituent les rayons cathodiques, la radiation consiste clans une pulsation brusque, ayant pour épaisseur le produit de la vitesse de la lumière par le temps qu'a duré le retard progressif, et qui fournit une représentation complètes des rayons de RÖNTGEN ou des rayons des corps radioactifs. Si l'accélération est périodique, au contraire, comme dans le cas d'un électron gravitant autour d'un centre électrisé de signe contraire au sien, l'accélération est périodique, et la radiation émise constitue une lumière de longueur d'onde déterminée par la période de révolution de l'électron. La solution du premier des deux problèmes fondamentaux parait ainsi complète et ne soulève aucune difficulté.

IV. — DYNAMIQUE DES ÉLECTRONS

1. L'idée de Maxwell. — Le problème inverse est moins simple qui consiste à trouver le mouvement, l'accélération que prend un électron mobile dans des champs électrique et magnétique d'intensités données ; c'est à proprement parler, le problème de la Dynamique des électrons. Les équations qui résolvent ce problème doivent, comme les équations de la Dynamique ordinaire, renfermer deux sortes de termes : les uns dépendant des champs extérieurs, traduisant leur action sur l'électron, analogues aux forces extérieures dans la Dynamique ; les autres dépendant du mobile lui-même, traduisant sa résistance à la mise en mouvement, analogues aux forces d'inertie. Les termes correspondant rieuses, les forces, ont été obtenues par M. LORENTZ en suivant une méthode qui était le prolongement naturel des idées de MAXWELL sur la possibilité d'une explication mécanique, indéterminée d'ailleurs, des faits de l'Électromagnétisme. L'analogie des équations de l'induction électrodynamique et des équations de LAGRANGE paraissait justifier une telle explication, et il était naturel de continuer à envisager le système Éther-électrons comme un système mécanique et d'appliquer au mouvement des centres électrisés les équations de LAGRANGE, déduisant ainsi les forces exercées sur l'électron des énergies électrique et magnétique, envisagées comme correspondant aux énergies potentielle et cinétique du système mécanique substitué à l'éther. On se trouve ainsi amené à appliquer au milieu Éther, en considérant comme fondamentales les notions de masse et de force qu'elles impliquent, les équations de la Dynamique matérielle déduites de principes fondés sur l'observation de la matière seule, toujours prise en masse et sans action sensible des rayonnements.

2. L'éther en matière. — On étend ainsi, par une induction hardie, ces principes dans un domaine pour lequel ils n'ont pas été créés, et l'on admet aussi de manière implicite la possibilité. d'une représentation matérielle de l'éther. En dehors de celles que j'ai déjà signalées, une semblable tentative soulève bien des difficultés, et les efforts faits pour la prolonger de manière plus. précise n'ont pas abouti jusqu'ici. L'essai le plus profond, l'éther gyrostatique de LORD KELVIN, conviendrait à la rigueur pour représenter la propagation de phénomènes périodique dans l'éther seul, mais rend impossible l'existence d'une déformation permanente, nécessaire, cependant pour représenter un champ électrostatique constant. Les gyrostats se retourneraient dans ce cas au bout d'un temps fini, et le système cesserait de réagir contre la déformation qui lui est imposée. De plus, il parait impossible de comprendre clans cette conception la présence d'électrons permanents, centres de déformation du milieu. En dehors de cette difficulté, M. LARMOR a besoin, dans l'image matérielle qu'il a proposée pour l'éther, de superposer au système gyrostatique de Lord KELVIN les propriétés d'un fluide parfait dont le déplacement, représentant le champ magnétique, soit à chaque instant irrotationnel pour ne pas produire de champ électrique par rotation des gyrostats présents dans le milieu. Mais une grosse difficulté s'ajoute aux précédentes : si le mouvement d'un fluide satisfait a chaque instant à la condition d'être irrotationnel pour des déplacements infiniment petits, il n'en est plus ainsi pour des déplacements finis, et un champ magnétique ne pourrait durer un temps fini sans donner naissance à un champ électrique. Je crois impossible de surmonter ces difficultés et d'aboutir à une image matérielle de l'éther, dont la nature et les propriétés sont complètement distinctes, et probablement beaucoup plus simples et plus unes que celles de la matière.

3. L'action et la réaction. — Continuons, cependant, dans cette voie pour nos heurter à des difficultés nouvelles. Par application des équations de LAGRANGE, M. LORENTZ obtient sur chaque électron en mouvement cieux forces extérieures, deux ternies traduisant l'action du champ électromagnétique. L'une est parallèle au champ électrostatique : c'est la force électrique ordinaire ; l'autre est perpendiculaire à la direction de la vitesse et à celle du champ magnétique : c'est la force électromagnétique analogue à la force de LAPLACE exercée par un champ magnétique sur un élément de courant. Ce double résultat résume toute les lois élémentaires de l'Électromagnétisme et de l'Électrodynamique, si l'on considère le courant dans les conducteurs ordinaires comme dû au déplacement de particules électrisées. On reconnaît facilement que les forces ainsi obtenues, exercées par l'éther sur les électrons, sur la matière qui les contient, ne satisfont pas au principe de l'égalité de l'action et de la réaction quand on prend l'ensemble des forces qui agissent à un même instant sur tous les électrons constituant la matière. Dans le cas d'un corps qui rayonne de façon dissymétrique, par exemple, il se produit un recul, une accélération que ne compense, au même instant, aucune accélération subie par une autre portion de la matière. Plus tard, au moment où le rayonnement émis

Paul Langevin

rencontre des obstacles, la compensation se fait (mais seulement de manière partielle si tout le rayonnement n'est pas absorbé) par l'intermédiaire de la pression qu'exerce un rayonnement sur les corps qui le reçoivent, pression dont l'expérience a démontré l'existence. L'égalité de l'action et de la réaction n'a, d'ailleurs, jamais été démontrée expérimentalement dans des cas semblables, et il n'y a ici aucune difficulté si l'on ne tient pas à étendre ce principe au delà des faits qui l'ont suggéré.

4. La quantité de mouvement électromagnétique. — Si l'on veut néanmoins réaliser cette extension quelque peu arbitraire, on est, conduit à ne pas appliquer le principe à la matière seule, et à supposer l'éther une quantité de mouvement, qui serait celle du système matériel auquel on l'assimile. M. POINCARE a montré que celle quantité de mouvement électromagnétique doit être proportionnelle en chaque point, en grandeur et en direction, au vecteur de Poynting, qui permet en même temps de définir l'énergie transmise à travers le milieu. En partant de cette notion de quantité de mouvement électromagnétique, M. MAX ABRAHAM a pu calculer les termes, laissés de côté par M. LORENTZ, qui dépendent du mouvement de l'électron lui-même, sa force d'inertie, par la variation de la quantité de mouvement électromagnétique contenue dans son sillage. Il s'est trouvé conduit pour la première fois, d'après la forme des termes qui représentent cette force d'inertie, à la notion d'une masse dissymétrique et fonction de la vitesse.

5. Le mouvement quasi-stationnaire. — Le calcul ne peut se faire complètement que dans le cas, toujours réalisé, d'ailiers, au point de vue expérimental, où l'accélération de l'électron est assez faible pour que le sillage puisse être à chaque instant considéré comme identique à celui qui accompagnerait un électron se mouvant avec la vitesse actuelle, mais d'un mouvement uniforme depuis très longtemps. C'est ce que M. ABRAHAM appelle un mouvement quasi-stationnaire. Dans ce cas, le sillage est entièrement connu à chaque instant comme nous l'avons vu, clone la quantité de mouvement électromagnétique et, par suite, sa variation qui mesure la force d'inertie. La condition du mouvement quasi-stationnaire est tout simplement qu'au voisinage de l'électron, là où la quantité de mouvement électromagnétique se trouve presque entière, l'onde d'accélération émise soit négligeable par rapport à l'onde de vitesse.

6. Masse longitudinale et masse transversale. — Dans ces conditions, on trouve que la force d'inertie est proportionnelle à l'accélération avec un coefficient de proportionnalité, analogue à la masse, mais qui se trouve ici fonction de la vitesse et qui augmente indéfiniment comme l'énergie cinétique, à mesure qu'on s'approche de la vitesse de la lumière. De plus, cette masse électromagnétique n'est pas la même pour une même vitesse, suivant que l'accélération est parallèle ou perpendiculaire à la direction de la vitesse. Il y a, par rapport à cette direction, une masse longitudinale et une masse transversale. La masse n'est donc plus une grandeur scalaire, mais possède la symétrie d'un tenseur parallèle à la vitesse. Aucun fait expérimental ne permet encore de vérifier cette dissymétrie de la masse des électrons, qui ne se manifeste nettement qu'aux vitesses voisines de celle de la lumière ; mais, au contraire, la variation de la masse transversale avec la vitesse a pu être constatée par M. KAUFMANN sur les rayons beta du radium, constitués par des projectiles identiques aux corpuscules cathodiques. Il suffit de comparer les déviations de ces rayons dans des champs électrique et magnétique perpendiculaires à leur direction pour en déduire, par application des équations obtenues précédemment pour la dynamique des électrons, leur vitesse et le rapport de la charge électrique à la masse transversale des particules qui les constituent. Ce rapport diminue quand la vitesse augmente, et, si nous considérons comme fondamental le principe de conservation de la charge électrique, nous en concluons à un accroissement expérimental de la masse transversale dans un rapport facile à comparer avec celui que la théorie donne pour la masse électromagnétique seule. 7. La matière des philosophes. — Mais, avant de discuter les résultats de cette comparaison, je tiens à signaler une difficulté logique soulevée par la marche que nous avons suivie. Nous avons convenu de considérer comme fondamentales les notions de masse et de force édifiées par la Mécanique pour représenter les lois du mouvement de la matière ; nous concevons a priori la masse comme une quantité scalaire parfaitement invariable. Puis, supposant la possibilité d'une représentation matérielle de l'éther, nous appliquons à celui-ci les équations de la dynamique matérielle et nous nous trouvons conduits à admettre pour les électrons, partie de la matière, et par suite pour la matière elle-même, une masse dissymétrique, tensorielle et variable. A quoi devront alors s'appliquer les équations ordinaires de la Dynamique et les notions, considérées comme fondamentales, qu'elles impliquent ? A une matière abstraite, une matière des philosophes, qui ne serait pas la matière ordinaire, puisque celle-ci est inséparable des charges électriques et qu'elle est constituée vraisemblablement par une agglomération d'électrons en mouvement périodique stable sous leurs actions mutuelles ? Ou à l'éther ? mais nous n'avons pour lui aucune notion de ce qui peut y être masse ou mouvement. C'est bien plutôt l'éther qu'il faut considérer comme fondamental, et il est alors naturel de le définir initialement par les propriétés que nous lui connaissons, c'est à dire par les champs électrique et magnétique, considérés comme fondamentaux et qu'il est possible d'atteindre, ainsi que je l'ai dit, sans admettre à aucun moment la connaissance des lois de la Dynamique, les notions de masse et de forée sous leur forme ordinaire. Nous retrouverons ces dernières comme des notions dérivées et secondaires.

V. — LA DYNAMIQUE ÉLECTROMAGNÉTIQUE

1. Changement de point de vue. — Il semble ainsi beaucoup plus naturel de renverser la conception de MAXWELL et de considérer l'analogie qu'il a signalée entre les équations de l'Électromagnétisme et celles de la Dynamique sous la forme de LAGRANGE comme justifiant beaucoup plus la possibilité d'une représentation électromagnétique des principes et des notions de la Mécanique ordinaire, matérielle, que la possibilité inverse. Il nous faut alors résoudre notre second problème, celui de la dynamique des électrons, de leur mouvement dans des champs donnés, sans avoir recours aux principes de la Mécanique, par des considérations purement électromagnétiques. Les équations de HERTZ, qui nous ont permis de résoudre le premier problème, ne sont plus suffisantes ici, et nous avons besoin d'un principe plus général, qui ne suppose pas donner le mouvement des électrons, mais qui le détermine.

2. Les lois d'énergie stationnaire. — Nous utiliserons ce principe sous une forme indiquée par M. LARMOR, et qu'on peut envisager comme une généralisation des lois connues de l'Électrostatique ou de l'Électrodynamique. On sait que la répartition des charges et du champ électriques dans un système de corps électrisés se fait toujours de manière que l'énergie électrostatique We, contenue dans le milieu modifié par le champ, soit minimum. Des principes analogues sont relatifs au champ magnétique produit par des courants d'intensité donnée, l'énergie Wm, localisée dans le champ magnétique étant moindre pour la répartition réelle de celui-ci que pour toute autre répartition satisfaisant à la condition que l'intégrale du champ le long d'une ligne fermée soit égale à 4*Pi fois l'intensité des courants qui traversent ce contour. Si des déplacements sont possibles, des conducteurs maintenus à potentiel constant sont en équilibre stable si l'énergie électrostatique est maximum, et des courants d'intensités données sont également en équilibre stable si l'énergie de leur champ magnétique est aussi maximum. Dans tous ces cas de maximum et de minimum, une modification infiniment petite du système à partir de l'état permanent produit une variation nulle dans l'énergie. Celle-ci est stationnaire.

3. Principe général. — Quand, au lieu de rester permanent, l'état du système est variable et qu'il y figure nécessairement à la fois les deux sortes de champs, nous cherchons à retrouver comme dans le régime permanent une expression qui reste stationnaire, c'est à dire dont la variation est nulle quand on suppose le système infiniment peu modifié à partir de son état réel. On est ainsi conduit à remplacer les énergies We, Wm, qui jouaient ce rôle dans le régime permanent, par une intégrale prise par rapport au temps et où figure non pas la somme des énergies, puisque cette quantité, égale à l'énergie totale, doit rester constante s'il n'intervient que des actions électromagnétiques, mais leur différence.

Somme (t(0)...(t(1))(W(e) — W(m))*dt

intégrale qui reste stationnaire pour toute modification virtuelle du système, cette modification étant soumise à la condition de s'annuler aux limites t(0), t(1) de l'intégrale, exactement comme dans le principe analogue d'HAMILTON en Mécanique. Le principe de variation nulle que nous venons d'énoncer, et que nous considérons comme résultant d'une induction basée sur des principes uniquement électromagnétiques permet, en effet, de retrouver trois des équations de HERTZ quand on admet les trois autres, et fournit de la manière la plus simple la solution que nous avons obtenue pour le premier problème au moyen de ces équations. De plus, ce mouvement des électrons, supposé donné seulement aux instants t(0), t(1), intervient dans l'intégrale, et la condition que celle-ci soit stationnaire permet de déterminer les lois de ce mouvement dans l'intervalle en partant d'un principe dont la signification est purement électromagnétique. On retrouve exactement ainsi les résultats de M. ABRAHAM : Les équations du mouvement contiennent les termes qui dépendent : les uns de l'électron mobile et sont proportionnels, dans l'hypothèse du mouvement quasi-stationnaire, à son accélération, avec des coefficients fonctions de la vitesse, que nous appellerons les masses longitudinale et transversale de l'électron ; les autres de la charge et des champs extérieurs, que nous appellerons les forces et qui sont ceux donnés par M. LORENTZ. Le mouvement ultérieur de l'électron est ainsi déterminé par l'état électromagnétique actuel du système.

4. Liaisons dans l'électron. — Pour simplifier l'analyse et n'avoir pas à se préoccuper du mouvement de rotation de l'électron, je considère celui-ci comme une vacuole présente dans l'éther, les intégrales de volume qui représentent les énergies We, Wm, des champs électrique et magnétique s'étendant seulement à l'espace extérieur à la surface qui limite la vacuole. On peut supposer comme liaison unique, en dehors de la charge électrique donnée, la forme de cette surface fixée, sphérique par exemple, grâce à une action de nature inconnue, et l'on retrouve naturellement les formules de M. ABRAHAM pour les masses longitudinale et transversale dans le cas d'un électron sphérique. Mais on peut aussi supposer la liaison plus simple, impliquant seulement par exemple un volume déterminé de la vacuole à cause de l'incompressibilité de l'éther extérieur ; si l'on cherche alors quelle est, clans le cas d'un mouvement de translation uniforme, la forme que prendra spontanément l'électron pour satisfaire à la condition de variation nulle, ou trouve précisément la forme ellipsoïdale aplatie supposée par M. LORENTZ, avec cette différence que le diamètre équatorial augmente avec la vitesse au lieu de rester constant comme l'admet

M. LORENTZ, cette constance impliquant une diminution du volume de l'électron à mesure que la vitesse augmente. Les formules qui expriment dans ce cas la variation des masses longitudinale et transversale avec la vitesse sont différentes de celles de M. ABRAHAM et de M. LORENTZ, quoique donnant toujours l'accroissement indéfini des deux masses à mesure qu'on approche de la vitesse de la lumière. Les formules ainsi obtenues pour le rapport m/(m(0)) de la masse transversale m, seule accessible jusqu'ici, à l'expérience, à la masse m, aux très faibles vitesses, en fonction du rapport beta = v/V de la vitesse de l'électron à celle de la lumière, sont :

1° Electron Sphérique variable

m/(m(0)) = (3/4)*v(beta) = (3/(4*(beta^2)))*[[(1+(beta^2))/ (2*beta)]*L*[(1+beta)/(1-beta) - 1]]

2° Electron variable :

Diamètre équatorial constant

m/(m(0)) = (1 — (beta^2)) — (1/2),

Volume constant

m/(m(0)) = (1 — (beta^2)) — (1/3),

5. Comparaison. — Les expériences de M. KAUFMANN ne sont pas encore, suffisamment précises pour déterminer laquelle de ces formules représente le mieux la variation expérimentale du rapport e/m avec la vitesse. Pour effectuer la comparaison, j'ai employé un procédé analogue à celui de M. KAUFMANN, qui détermine les deux champs électrique et magnétique figurant dans les expressions de la vitesse et du rapport e/m en fonction des données de l'expérience, en cherchant pour quelles valeurs de ces quantités on obtient la meilleure concordance entre la variation expérimentale et la variation théorique calculée en supposant que toute l'inertie de l'électron est d'origine électromagnétique. Pour éliminer ces constantes, je construis les deux courbes expérimentale et théorique représentant e/m en fonction de v/V = beta en coordonnées logarithmiques et je cherche pour quelle position de ces courbes on obtient par translation la meilleure concordance. Les résultats sont indiqués ici pour les trois courbes théoriques et les mêmes séries de valeurs expérimentales. On voit que la concordance est à peu près la même dans les trois cas. Les

Paul Langevin

points expérimentaux correspondent à quatre séries de mesures faites par M. KAUFMANN et sont marqués de signes différents qu'on peut distinguer en examinant attentivement les figures. Les valeurs les plus importantes au point de vue du choix de la formule sont celles qui correspondent aux vitesses très voisines de celles de la lumière, et qui s'élèvent, dans les expériences de M. KAUFMANN, aux quatre-vingt quinze centièmes de celle-ci. Mais les rayons deviennent alors très peu déviables et les mesures précises extrêmement difficiles. Il serait extrêmement important de pouvoir atteindre la masse longitudinale par l'emploi d'un champ électrique intense parallèle à la vitesse de l'électron, fournissant à celui-ci une énergie connue et produisant une variation de vitesse qui, mesurée, donnerait la masse longitudinale.

6. Matière et électrons. — Mais, si la précision des expériences ne paraît pas suffisante pour déterminer complètement la loi, la concordance est assez bonne avec des formules établies toutes en supposant que la niasse est tout entière électromagnétique, pour qu'il soit raisonnable d'admettre qu'au moins les corpuscules cathodiques ne possèdent pas d'autre inertie que celle provenant de leur charge électrique, du sillage qu'ils entraînent pendant leur mouvement à travers l'éther. Il est bien séduisant d'admettre le même résultat pour la matière tout entière en la concevant comme constituée par une agglomération d'électrons des deux signes ; il répugne, en effet, de faire intervenir pour deux phénomènes aussi identiques que l'inertie de la matière et celle des corpuscules cathodiques deux explications complètement distinctes, dont l'une, l'explication électromagnétique, est précise et confirmée par l'expérience, tandis que l'autre resterait inconnue. L'inertie d'une semblable agglomération d'électrons serait la somme des inerties partielles, cause de l'énorme distance des centres électrisés par rapport à leur rayon, que l'on peut calculer en supposant toute l'inertie électromagnétique. Dans ces conditions, les sillages des divers électrons n'interfèrent pas de manière appréciable et l'on retrouve ainsi la loi de conservation de l'inertie, conséquence de la conservation des électrons dans les modifications que subit la matière. Mais la théorie n'est pas incompatible, à cause de l'interférence des sillages, avec de petits écarts entre l'inertie d'ensemble et la somme des inerties partielles. La complexité du système atomique auquel on est conduit, chaque atome ou molécule contenant probablement un très grand nombre d'électrons, paraît, d'ailleurs, être imposée par la complexité des spectres lumineux émis par les atomes, par les électrons qu'ils renferment, lorsqu'une perturbation extérieure vient déranger le système de son état de mouvement périodique stable, pour lequel les radiations émises par les divers électrons, en raison des accélérations qui les maintiennent sur leurs orbites intramoléculaires, se compensent à peu près complètement au point de vue de l'énergie rayonnée, de sorte qu'il n'y a, en général, pas de cause sensible d'amortissement pour le mouvement périodique intramoléculaire. Cette conception, cette théorie électronique de la matière, où matière devient, au moins partiellement, synonyme d'électricité en mouvement, parait rendre compte d'un nombre énorme de faits, qui s'augmente constamment sous l'effort des physiciens impatients de contempler sous une forme moins primitive la synthèse qu'elle promet d'apporter.

7. Stabilité de l'électron. — La conception fondamentale, celle de l'électron, ne va pas sans soulever encore quelques difficultés ; en dehors de l'impossibilité déjà signalée de nous représenter par des images matérielles son déplacement par rapport à l'éther, il semble nécessaire d'admettre dans sa structure autre chose que sa charge électrique ; il faut une action qui maintienne l'unité de l'électron et empêche sa charge de se disperser sous la répulsion mutuelle des éléments qui la constituent. La forme de l'électron est déterminée par quelque liaison qui en assure la stabilité : la condition d'incompressibilité du milieu étant insuffisante, puisque la forme sphérique ne correspondrait qu'à un équilibre instable pour un corps électrisé de volume donné clans lequel rien ne s'opposerait à la déformation. Cette liaison, qui tient à quelque propriété fondamentale du milieu, déterminant la charge prise par des électrons tous identiques à ce point de vue, est peut-être en connexion étroite avec le troisième mode d'activité de l'éther, une troisième forme de l'énergie, la forme gravitation, dont notre principe d'intégrale stationnaire devrait tenir compte par l'introduction de termes s'ajoutant à l'énergie électrostatique, niais infiniment moins grands qu'elle.

8. La gravitation. — La gravitation, en effet, s'obstine à rester en dehors de notre synthèse électromagnétique ; non seulement les

Paul Langevin

actions newtoniennes ne paraissent pas se propager avec la vitesse ordinaire des perturbations, celle de la lumière, mais encore il semble difficile de faire sortir de l'Électromagnétisme, sans en détruire les bases les plus fondamentales, telles que la notion de champ ou d'action de milieu, la possibilité d'attraction d'un ensemble d'électrons neutre pour un ensemble de même nature. Il me paraît vraisemblable que la gravitation résulte d'un mode d'activité de l'éther et d'une propriété des électrons entièrement différents du mode électromagnétique, et que nous devrons admettre, en dehors des énergies électrique et magnétique, une troisième forme distincte, celle de gravitation. Reste à comprendre comment est possible et ce que signifie l'équivalence, le passage de cette troisième forme dans l'une des deux premières. Aussi bien ne sommes-nous pas plus capables de comprendre, en dehors des équations formelles qui la traduisent, la liaison entre les énergies électrique et magnétique elles-mêmes et leur transformation l'une dans l'autre par l'intermédiaire des électrons.

9. Une expérience nécessaire. — Il ne semble pas impossible de faire rentrer les forces de cohésion dans le domaine électromagnétique, aussi bien au point de vue des attractions mutuelles que des orientations efficaces dans les milieux cristallisés, grâce aux champs électriques et magnétiques complexes qui doivent environner un système d'électrons neutre dans son voisinage immédiat. Les forces de gravitation seules resteraient distinctes, superposées aux forces électromagnétiques, et aucune difficulté n'en résulte au point de vue des expériences négatives tentées pour mettre en évidence le mouvement absolu de la Terre. Les résultats négatifs s'interprètent bien, avons-nous vu, si toutes les forces intérieures à la matière sont d'origine électromagnétique ; mais les forces de gravitation peuvent y être superposées sans introduire de modification sensible à ce résultat, car leur intensité est extraordinairement faible par rapport aux actions électromagnétiques lorsqu'il n'y a pas compensation mutuelle de celles-ci, et dans toutes les expériences en question, interférences lumineuses ou équilibre d'un système élastique, les forces de gravitation ne jouaient aucun rôle appréciable. Il serait tout à fait intéressant de se placer dans un cas d'équilibre où les forces de pesanteur jouent un rôle important, et, si l'équilibre reste indépendant du mouvement d'ensemble au second ordre près, si l'on ne petit mettre en évidence le mouvement absolu, il en faudra conclure que les forces de gravitation, elles aussi, sont modifiées par le mouvement d'entrainement de la même manière que les forces électromagnétiques, puisque l'équilibre n'est pas troublé ; cela serait une indication importante pour la nécessité d'une représentation électromagnétique de la gravitation. Tant que cette constatation n'aura pas été faite, tant que les expériences sur le mouvement absolu n'auront pas fait intervenir la pesanteur, il sera plus raisonnable de considérer la gravitation comme une action distincte, qui peut intervenir dans la liaison nécessaire à l'intérieur des électrons pour leur stabilité, sans qu'il soit possible aujourd'hui d'imaginer dans quel sens peut être cherchée une compréhension plus profonde des propriétés de l'éther et des électrons qu'il renferme.. Il ne semble pas, de toute manière, et pour bien des raisons, que ce soit dans le sens d'une représentation matérielle et mécanique de l'éther.

VI — RAYONS CATHODIQUES

1. Le rapport e/m. — Avant d'examiner les conséquences que comporte la conception électronique de la matière, je voudrais examiner quelques points relatifs aux électrons des deux signes. Ceux que nous connaissons le mieux, à beaucoup près, sont les négatifs, qui se montrent toujours identiques à eux-mêmes par toutes leurs propriétés, quelle que soit la matière qui les ait fournis. Nous avons déjà vu comment la mesure directe des charges conduit toujours aux mêmes résultats. La masse, limite commune, pour les faibles vitesses, des masses longitudinale et transversale, peut être atteinte par la mesure du rapport de la charge à la masse. Les résultats obtenus dans le cas des rayons cathodiques présentent des divergences assez notables quand différentes méthodes de mesures sont employées. Les premières valeurs furent obtenues par J. J. THOMSON en combinant la déviation magnétique de ces rayons soit avec une mesure de l'énergie qu'ils transportent (par la chaleur dégagée sur une soudure thermoélectrique), soit avec la déviation dans un champ électrostatique. Le rapport e/m obtenu par ces deux méthodes est voisin de 10^7 unités électromagnétiques C.G.S. Une autre méthode, indiquée par M. SCHUSTER, fut employée successivement par MM. KAUFMANN et SIMON. Elle consiste à combiner la déviation magnétique avec la mesure de la différence de potentiel sous laquelle les rayons sont produits. Cette méthode parait susceptible d'une précision plus grande que les précédentes, et les résultats qu'elle fournit concordent avec la valeur limite des masses transversales des rayons beta pour les faibles vitesses, bien que la méthode employée dans ce dernier cas soit différente de celle de SCHUSTER. Le nombre obtenu est $1,86 \times 10^{7}$, presque double de celui de J. J. THOMSON. L'explication proposée parue dernier, d'après laquelle les rayons cathodiques observés dans un tube de CROOKES ne seraient pas produits sous la différence de potentiel totale entre la cathode et le cylindre métallique qui les reçoit, mais proviendraient d'un point situé en avant de la cathode, de potentiel différent, ne parait pas entièrement satisfaisante, car on comprendrait difficilement la constance des résultats de MM. KAUFMANN et SIMON quand les conditions expérimentales, la chute du potentiel en particulier, varient dans de larges limites. Un moyen de trancher la question consiste, après leur production, à faire subir aux rayons cathodiques une chute le potentiel supplémentaire et connue, et à mesurer, par la modification qui en résulte dans leur déviation magnétique, la chute de potentiel initiale sous laquelle ils ont été produits.

2. Le corpuscule cathodique. — Quoi qu'il en soit, on peut, grâce aux résultats de M. KAUFMANN, affirmer l'identité des rayons cathodiques, déjà indépendants du gaz et de l'électrode contenus dans le tube de CROOKES, et des rayons beta du radium. Les mesures de J. J. THOMSON et de LENARD sur les rayons cathodiques émis par une surface métallique chargée négativement sous l'action de la lumière et sur les rayons cathodiques émis spontanément par les corps incandescents conduisent à la même identité. M. WEHNELT a montré récemment que les oxydes alcalino-terreux possèdent, avec une extraordinaire intensité, cette propriété d'émettre spontanément des rayons cathodiques à température élevée et peuvent fournir un moyen d'effectuer, sur cette espèce particulière de rayons, des mesures simples et précises. Enfin, on sait que la grandeur du phénomène de ZEEMAN, dans le cas où la raie spectrale considérée présente l'aspect du triplet normal, conduit à cette conclusion, que tout au moins la lumière correspondant à ces raies provient de centres électrisés négativement, présents dans la matière et ayant même rapport e/m que les particules cathodiques. De plus, la grandeur de ce rapport, mille à deux mille fois plus grand que pour l'atome d'hydrogène dans l'électrolyse, conduit, par suite de l'identité des charges électriques démontrées par M. TOWNSEND, à considérer le corpuscule cathodique comme de masse au moins mille fois plus petite que celle de l'atome d'hydrogène, résultat en parfait accord avec la conception des atomes matériels comme formés d'un grand nombre d'électrons des deux signes. Dans l'hypothèse où la niasse serait tout entière d'origine électromagnétique, la connaissance du rapport e/m donne pour l'électron un rayon assez petit pour être, conformément aussi à notre conception, négligeable par rapport aux dimensions atomiques.

3. Les flammes. — La faible masse du corpuscule cathodique et la possibilité de séparer de la matière des centres électrisés mille fois plus petits que les plus petits atomes sont confirmées par les mesures de mobilité des ions négatifs dans les flammes. On trouve des mobilités énormes par rapport à celles qu'on observe dans les gaz aux températures ordinaires, et les méthodes de la théorie cinétique des gaz permettent de calculer à partir de cette mobilité expérimentale que les centres négatifs mobiles dans les flammes ont une niasse environ mille fois inférieure à celle de l'atome d'hydrogène et doivent, par conséquent, être identifiés avec les corpuscules cathodiques. A la température ordinaire, les ions sont moins mobiles, parce que le corpuscule cathodique qui constitue le noyau de l'ion négatif s'entoure de molécules neutres du gaz par simple attraction électrostatique.

VII. — ÉLECTRONS POSITIFS. RAYONS ALPHA

1. Rayons de Goldstein, rayons alpha. — Notre connaissance de la structure des charges positives est beaucoup moins avancée que pour les négatives. Deux cas importants nous mettent en présence de particules chargées positivement, en dehors des ions positifs dans les gaz conducteurs, constitués aussi par des agglomérations de molécules neutres autour d'un centre électrisé ; ce sont les

Paul Langevin

kanal-strahlen de Goldstein, afflux de charges positives vers la cathode, et dont la déviation électrique et magnétique conduit pour le rapport e/m à des valeurs variables d'abord dans de larges limites et plusieurs milliers de fois plus petites, en général, que pour les rayons cathodiques. La masse de ces centres positifs est donc de l'ordre de celle des atonies matériels. Les rayons alpha des corps radioactifs, très absorbables et particulièrement faciles à observer dans le cas du polonium, qui n'en émet pas d'autres, se présentent comme tout à fait analogues aux kanal-strahlen. La masse des particules chargées positivement qui les constituent est de même ordre que celle des atomes d'hydrogène et leur vitesse ne dépasse pas 20 à 25.000 kilomètres par seconde, de sorte qu'il est impossible de vérifier si leur masse est d'origine entièrement électromagnétique. D'autre part, doit-on les envisager comme des électrons aussi simples que l'électron négatif, ou sont-ils, par exemple, des atomes matériels ayant perdu un corpuscule cathodique.

2. Électrons ou atomes. — Dans la première hypothèse, celle de l'électron, la grande masse des centres positifs conduirait à leur attribuer une dimension beaucoup plus petite qu'aux corpuscules cathodiques eux-mêmes, la masse électromagnétique d'une sphère électrisée étant inversement proportionnelle son rayon. On est ainsi conduit à ce résultat paradoxal qu'un électron est d'autant plus inerte, je ne dirai pas plus lourd, qu'il est plus petit. M. H. A. WILSON croit trouver un argument en faveur de cette conception d'un électron positif très petit et, par conséquent très inerte dans cette remarque que les rayons alpha sont beaucoup moins absorbables que des rayons beta de même vitesse. Beaucoup de raisons, d'ailleurs, tendent à faire adopter l'hypothèse contraire d'une particule a très complexe et peu différente d'un atome, M. RUTHERFORD a donné des raisons sérieuses pour identifier les particules alpha avec les atomes d'hélium privés d'un corpuscule cathodique ; d'autre part, M. STARK donne des raisons expérimentales de rapporter aux centres positifs dans les tubes à vide l'émission des spectres de raies, ce qui implique la complexité de structure. Enfin, la théorie de la décharge disruptive attribue la production de rayons cathodiques au choc contre cathode des particules qui constituent les rayons de GOLDSTEIN ; un

VII. — ÉLECTRONS POSITIFS. RAYONS ALPHA

électron plus petit que la particule cathodique elle-même semble difficilement pouvoir provoquer une perturbation superficielle assez intense, tandis qu'un atome incapable de traverser un autre édifice atomique, et lancé avec une grande vitesse, produirait une perturbation locale importante.

3. La charge positive des rayons alpha. — C'est peut-être aussi à la perturbation considérable produite par les rayons a ou canal dans la matière qu'ils rencontrent et dans l'émission consécutive de rayons cathodique qu'on doit rapporter ce fait intéressant que la charge des rayons alpha n'a pu, jusqu'ici, être mise en évidence de manière directe par la charge négative que doit prendre spontanément un fragment de sel de polonium qui parait émettre uniquement des rayons alpha très absorbables. Quelque élevé que soit le vide fait autour d'un fragment de bismuth actif, analogue au polonium, il ne prend spontanément aucune charge et perd rapidement, au contraire, sa charge positive ou négative sans qu'on puisse expliquer cette déperdition par l'action ionisante des rayons alpha sur le gaz environnant, beaucoup trop rare. Le passage des rayons alpha, projectiles de grosse dimension, à travers la surface du corps radioactif dont ils sortent peut jouer le même rôle que l'arrivée des kanal-strahlen sur la surface d'une cathode et provoquer l'émission de rayons beta, très peu pénétrants d'ailleurs, dont la présence suffirait, jointe à celle des rayons alpha, pour empêcher toute charge permanente du corps radioactif, de quelque signe qu'elle soit.

4. Les électrons positifs. — Si les centres positifs que nous connaissons ne doivent pas être envisagés comme des électrons libres, il semble, cependant, nécessaire d'admettre la présence de semblables électrons qui permettraient la neutralisation des charges négatives dans l'édifice atomique, mais qui, pour quelque raison, ne sortiraient de cet édifice qu'avec une extrême difficulté, contrairement à ce qui se passe pour les électrons négatifs. De plus, il paraît nécessaire, pour que la théorie des métaux, qui rapporte leur conductibilité à la présence de centres électrisés libres de se mouvoir sous l'action d'un champ, puisse rendre compte de tous les faits, du phénomène de HALL en particulier, de sens variable dans les différents métaux, que des centres des deux signes coexistent dans le métal, libres de se déplacer dans toute son étendue, sans

Paul Langevin

que les centres positifs puissent être les atonies métalliques eux-mêmes, nécessairement immobiles pour constituer la charpente solide du métal. Il est possible que les électrons positifs qu'aucune action connue ne peut dans les gaz maintenir séparés des atomes matériels, soient libres en grand nombre dans le milieu tout différent constitué par le métal. Beaucoup de problèmes se posent ici au sujet des centres positifs.

VIII — THÉORIE DE LA MATIÈRE — RADIOACTIVITÉ

1. L'instabilité atomique. — Examinons maintenant d'un peu plus près les conséquences auxquelles conduit la conception, d'une matière constituée par des électrons des deux signes, d'atomes formés de centres électrisés en mouvement sous leurs actions mutuelles. Tout d'abord, en dehors de la gravitation, d'intensité infiniment petite comparée aux actions électriques intérieures à l'atome et qui provoquent tous leurs changements d'état physique ou chimique, les lois élémentaires d'action se réduisent aux forces de LORENTZ qui déterminent comme nous l'avons vu, l'accélération d'un électron en fonction eu champ électrique et du champ magnétique produits par les autres électrons au point où il est placé. Dans le cas où l'accélération est suffisante pour qu'il y ait rayonnement appréciable d'énergie à distance, par l'intermédiaire de l'onde d'accélération, il est probablement nécessaire de faire intervenir d'autres termes dans les équations du mouvement de l'électron, des forces par l'intermédiaire desquelles il puisse emprunter l'énergie qu'il rayonne et qui disparaissent dans le cas du mouvement quasi-stationnaire. Il ne semble cependant pas que, dans aucun cas expérimental ces termes correctifs puissent devenir appréciables. Au même point de vue, les électrons en mouvement périodique dans l'atome matériel sont nécessairement soumis, le long de leurs orbites fermées, à des accélérations qui s'accompagnent d'énergie rayonnée, empruntée aux énergies électrique et magnétique intérieures à l'atome. Ce rayonnement peut, d'ailleurs, être extrêmement faible, comme dans les cas simples de plusieurs corpuscules cathodiques circulant à distances égales sur une même orbite (autour d'un centre positif). Mais ce rayonnement continuel, beaucoup plus important naturellement quand l'atome, par un choc extérieur, est dérangé de sa configuration la plus stable, ce rayonnement est pour l'édifice atomique une cause de décrépitude, et, au bout d'un temps plus ou moins long suivant la structure, un réarrangement profond devient nécessaire, comme une toupie tombe quand sa rotation a suffisamment diminué de vitesse. Une région d'instabilité est atteinte, le réarrangement consécutif pouvant s'accompagner de projection violente de certains centres électrisés intérieurs à l'atome. Cette conception fournit au moins une image des phénomènes de radioactivité et des transformations successives dans la vie des atomes dont M. RUTHERFORD a émis l'hypothèse.

2. Énergie interne et chaleur dégagée. — Un calcul très simple montre, d'ailleurs, que le stock d'énergie représenté par les champs électrique et magnétique séparant les électrons contenus dans un atome est suffisamment grand pour alimenter pendant plus de dix millions d'années le dégagement de chaleur que M. CURIE a découvert dans les sels de radium. Comme il paraît bien établi maintenant que la vie d'un atome de radium est seulement de l'ordre d'un millier d'années, il en résulte que la dix-millième partie seulement de ce stock est utilisée pendant cette période spécialement active de la vie des atomes. Il n'y a donc aucune difficulté à concevoir comment l'énorme dégagement de chaleur du radium peut être empruntée à l'énergie interne. Aucun atome n'étant à l'abri de cette déperdition d'énergie due au rayonnement lié à l'accélération des électrons, on doit s'attendre à la généralité des phénomènes radioactifs, les atomes que nous considérons actuellement comme stables ayant seulement une déperdition extraordinairement lente.

IX. — PROPRIÉTÉS ÉLECTRIQUES

1. Polarisation. — Je voudrais maintenant montrer en quelques mots comment la conception précédente s'adapte aisément à la représentation des principales propriétés électriques et magnétiques de la matière et a rendu possible, pour la première fois, un essai de théorie de la décharge disruptive et de la conductibilité métallique. Une propriété commune à toutes les formes de la matière est la possibilité d'une polarisation électrique, cause des variations dans le pouvoir inducteur spécifique avec la nature de la matière. Cette polarisation résulte, de façon toute naturelle, de la modification qu'apporte un champ électrique extérieur dans le mouvement des électrons intérieurs à l'atome. Cette modification se traduit par un excès moyen des centres positifs du côté où le champ tend à les déplacer, et un excès moyen dans le temps des charges négatives de l'autre côté. Le système prend donc en moyenne dans le temps une polarité électrostatique.

2. Dissociation corpusculaire. — Si le champ électrique devient suffisamment intense, comme il peut l'être, par exemple, pendant le passage d'une de ces pulsations très brèves qui constituent les rayons de RÖNTGEN, ou pendant le passage à travers l'atome d'une particule électrisée a ou lancée avec une très grande vitesse, la modification produite sur l'atome ou la molécule peut être plus profonde : un corpuscule cathodique peut se trouver arraché de l'édifice qui reste chargé positivement ; il se produit ainsi une dissociation corpusculaire, qui permet d'expliquer la conductibilité acquise par les milieux isolants, sous l'action des rayons de RÖNTGEN ou de BECQUEREL, et qui se manifeste surtout dans les gaz où les centres électrisés ainsi libérés peuvent se mouvoir le plus facilement, bien que, par attraction électrostatique sur les molécules neutres, ils s'entourent d'un cortège qui les accompagne pendant leur déplacement. Il semble bien établi que les ions négatifs ainsi produits dans les gaz ont pour centre un corpuscule cathodique, puisque l'arrivée des rayons cathodiques dans le gaz y produit des ions négatifs identiques aux précédents au point de vue de leur mobilité ou de leur puissance de condensation pour la vapeur d'eau sursaturante. Il semble, néanmoins, extrêmement important de reprendre, en particulier, ces mesures de mobilité des ions produits par différentes causes à l'intérieur des gaz pour s'assurer si les différences de mobilités qui paraissent exister ont pour cause une différence dans les molécules qui constituent le cortège ou dans les centres électrisés qui lui servent de noyau.

3. Mobilités et recombinaison. — De la même manière, il importe beaucoup de pouvoir, par l'intermédiaire des mesures de mobilités, suivre avec la température la modification qui se produit dans la grosseur de l'agglomération, et de raccorder les ions observés à la température ordinaire avec les ions incomparablement plus mobiles qu'on observe dans les flammes et qui paraissent bien constitués par le centre électrisé seul, corpuscule cathodique et peut-être particule a. La vitesse de recombinaison des ions est encore très mal connue dans ses rapports avec les variations de pression et de température, bien qu'elle joue certainement un rôle essentiel dans les phénomènes de décharge disruptive dans les gaz à basse pression ; il serait important d'être fixé un peu mieux sur ce point.

4. L'ionisation par les chocs. — Toute la théorie actuelle de la décharge disruptive repose sur cette conception que le choc d'une particule électrisée en mouvement suffisamment rapide contre une molécule en peut provoquer la dissociation corpusculaire. Cette idée était une conséquence naturelle du fait connu que les rayons cathodiques ou les rayons de BECQUEREL, constitués par de semblables particules, rendent conducteurs les gaz qu'ils traversent. Si la dissociation corpusculaire produite libère à partir de la molécule un corpuscule cathodique, celui-ci peut, si le champ électrique présent dans. le gaz est suffisamment intense, acquérir une vitesse assez grande pour se comporter à son tour comme un rayon cathodique et provoquer ainsi, de proche en proche, un accroissement rapide de la conductibilité. M. TOWNSEND a montré comment cette conséquence est susceptible d'une vérification expérimentale très précise, et il trouve que, dans certaines limites de vitesse, chaque choc entre le corpuscule cathodique et une molécule est suivi d'une dissociation corpusculaire. La vitesse ne doit, cependant, pas dépasser une certaine limite, au delà de laquelle le corpuscule ou particule beta passe à travers l'édifice atomique sans y produire de perturbation sensible. Pour qu'une décharge disruptive puisse durer sans qu'une cause extérieure vienne maintenir la production des premiers centres électrisés capables de produire la dissociation, il est, nécessaire que les centres positifs, vraisemblablement atomes ou molécules privés d'un corpuscule, puissent eux aussi produire la même dissociation corpusculaire au moment de leurs chocs contre les molécules, comme cela résulte, d'ailleurs, de la conductibilité produite dans les gaz par les rayons a. Au delà de cette conception fondamentale de l'ionisation par les chocs, la théorie de la décharge disruptive a beaucoup de progrès encore à réaliser. Les aspects extrêmement variés que prend cette décharge,

Paul Langevin

le production des strates, dont une première explication a été donné par J. J. THOMSON, l'influence du champ magnétique sur les conditions de la décharge, les phénomènes qui se produisent aux distances très faibles, de l'ordre du micron, entre les électrodes, où les molécules gazeuses ne paraissent plus jouer aucun rôle dans la production d'une étincelle entre des électrodes, sont autant de points essentiels qui attirent aujourd'hui l'attention des physiciens.

5. L'arc électrique. — A côté de la décharge disruptive ordinaire par aigrette ou étincelle, l'arc électrique, de caractère entièrement différent, fait intervenir le phénomène nouveau de l'émission de corpuscules cathodiques par la surface des corps incandescents. La cathode dans l'arc est portée à une température suffisamment élevée, par le choc des ions positifs qui affluent vers elle, pour que les corpuscules présents dans l'électrode subissent une véritable évaporation et transportent la plus grosse partie du courant. En effet, un filament de charbon incandescent peut déjà, à température beaucoup moins élevée que celle de l'arc voltaïque, émettre des particules cathodiques représentant une densité de courant de deux ampères par centimètre carré.

6. L'évaporation cathodique. — Ce phénomène, connu sous le nom d'effet EDISON, est très général et a été relié de manière quantitative, par M. RICHARDSON, à l'hypothèse fondamentale de la théorie cinétique des métaux, de la présence de particules cathodiques se mouvant librement à l'intérieur des conducteurs. A la température ordinaire, cette émission de particules se ralentit avec une rapidité telle que l'électrostatique est possible et qu'un métal peut conserver une charge permanente. Chaque corpuscule présent dans le métal se trouve, en effet, dans un milieu de pouvoir inducteur spécifique très élevé, et un travail fini est nécessaire pour le faire passer de ce milieu dans le vide, de pouvoir inducteur égal à l'unité. Seuls les corpuscules pourvus d'une vitesse suffisante pourront fournir ce travail en sortant du métal, et le nombre de ceux-là, absolument négligeable à la température ordinaire, augmente de manière extraordinairement rapide avec la température. M. RICHARDSON a montré que la variation fournie par l'Expérience concorde exactement avec celle que prévoit la théorie cinétique des métaux, qui attribue à chaque particule électrisée libre la même énergie cinétique moyenne qu'aux molécules des gaz à la même température.

7. Les métaux. — La dissociation spontanée des atomes qu'admet la théorie cinétique des métaux, la séparation de centres électrisés libres de se mouvoir à l'intérieur du métal, est la conséquence du pouvoir inducteur spécifique élevé du milieu que constitue le métal, conformément aux lois de répartition prévues par la théorie cinétique. La présence d'une particule électrisée libre dans une région de l'espace est d'autant plus probable que l'énergie potentielle y est plus faible, comme c'est le cas pour un milieu de grand pouvoir inducteur spécifique.

8. Les phénomènes chimiques. — C'est par une action du même genre que l'eau, de grand pouvoir inducteur spécifique, provoque la dissociation électrolytique des sels qu'on y dissout ; il y aurait intérêt à préciser les rapports entre cette dissociation électrolytique, spéciale aux liquides conducteurs, et la dissociation corpusculaire, commune vraisemblablement aux gaz et aux métaux. Dans la dissociation électrolytique, le ou les corpuscules perdus par l'atome métallique, au lieu de rester libres comme dans la dissociation corpusculaire, restent unis à un atome ou radical pour constituer l'ion électronégatif dans les électrolytes. Cette question touche à celle des rapports entre les idées actuelles et la Chimie, rapports bien obscurs encore, et qu'il serait important d'éclaircir. La dissociation corpusculaire produite dans les gaz par les rayons de RÖNTGEN ne paraît liée à aucune modification chimique, et cependant, dans l'air, toute ionisation intense est accompagnée de production d'ozone. Il y a là un domaine entièrement inexploré.

X. — PROPRIÉTÉS MAGNÉTIQUES

1. Ampère et Weber. — Cependant, les phénomènes complexes du magnétisme et du diamagnétisme ont semblé jusqu'ici se laisser atteindre plus difficilement, bien que les électrons gravitant dans l'atome sur des orbites fermées fournissent à première vue une représentation simple des courants particulaires d'AMPERE, susceptibles de s'orienter sous l'action d'un champ extérieur pour donner lieu au magnétisme induit, ou de réagir par induction, selon l'idée de WEBER, contre ce champ extérieur comme le font les substances dia magnétiques. Ceux qui ont essayé de poursuivre cette idée l'ont trouvée jusqu'ici stérile ; indépendamment, différents physiciens sont arrivés à cette conclusion que l'hypothèse d'électrons en mouvement non amorti ne pouvait fournir aucune représentation des phénomènes permanents de magnétisme ou de diamagnétisme. Je suis parvenu à montrer, contrairement à l'opinion précédente, qu'il est possible de donner, grâce à l'hypothèse des électrons, une signification précise aux idées d'Ampère et de Weber, de trouver pour le para et le diamagnétisme les interprétations complètement distinctes qu'ils exigent, conformément aux lois établies expérimentalement par M. P. CURIE ; le magnétisme faible, forme atténuée du ferromagnétisme, varie en raison inverse de la température absolue, tandis que le diamagnétisme s'est montré, dans les cas observés, à l'exception du bismuth solide, rigoureusement indépendant de la température. La théorie que je propose permet de rendre compte entièrement de ces deux faits. Je crois possible, enfin, d'éclairer de ce point de vue la question complexe de l'énergie magnétique. Je donnerai ici seulement les résultats principaux de ce travail, qui sera publié complètement ailleurs.

2. Les courants particuliers. — Une particule électrisée de charge e se déplaçant avec la vitesse v est équivalente à un élément de courant de moment (e^*v). On déduit facilement de là qu'un courant particulier, constitué par un électron qui décrit dans le temps périodique tau une orbite formée de surface S, est équivalent, au point de vue du champ magnétique à grande distance, à un aimant de moment magnétique M = $(e^*S)/tau$, normal au plan de l'orbite. Un semblable courant particulier correspondra à chacun des électrons présents dans la molécule, et le moment magnétique résultant de celle-ci pourra être nul ou différent de zéro suivant le degré de symétrie de l'édifice moléculaire.

3. Le diamagnétisme. — Si à un ensemble de telles molécules on superpose un champ magnétique extérieur, tous les courants particuliers subissent une modification indépendante de la manière dont cette superposition est obtenue, soit par établissement du champ, soit par déplacement des molécules dans un champ magnétique préexistant. Le sens de cette modification, due à l'induction subie par le courant particulier, correspond toujours au diamagnétisme, l'accroissement du moment magnétique M étant :

delta(M) = —[(H*(e^2))/(4*Pi*m)]*S,

dans le cas d'un courant circulaire, H étant la composante du champ magnétique normale au plan de l'orbite et m la masse de l'électron.

4. L'énergie magnétique. — Quand la molécule est supposée immobile, le travail nécessaire à la modification des courants particulaires est fourni par le champ électrique créé conformément aux équations de HERTZ pendant l'établissement du champ magnétique. Dans le cas opposé, où la modification est due au déplacement des molécules, le travail est fourni aux courants particulaires par l'énergie cinétique de la molécule ou par les actions des molécules environnantes. La propriété diamagnétique acquise au moment de l'établissement du champ subsiste donc, en dépit de l'agitation moléculaire. Cette modification se manifeste de trois manières distinctes :

1° Si le moment résultant des molécules est nul, la substance est diamagnétique au sens ordinaire du mot, et l'ordre de grandeur des constantes diamagnétiques observées est tout à fait d'accord avec l'hypothèse de courants circulant suivant des orbites intramoléculaires. Cette conception conduit à retrouver la loi d'indépendance établie par M. CURIE entre les constantes diamagnétiques et la température ou l'état physique ;

2° Si le moment résultant n'est pas nul, la substance possède un paramagnétisme qui masque toujours le diamagnétisme général sous-jacent, le nouveau phénomène, dû à l'orientation des molécules, étant considérable par rapport au premier, quand la symétrie moléculaire lui permet d'apparaitre. Les échanges d'énergie entre les aimants moléculaires et le champ magnétique extérieur, ou le mouvement d'ensemble des molécules, se font par l'intermédiaire de la modification diamagnétique. Il est possible d'en déduire la loi de variation du magnétisme faible en raison inverse de la température absolue ;

3° Enfin, le changement de période de révolution sur les orbites correspond au phénomène de ZEEMAN, général comme le diamagnétisme lui-même, le fer lui-même étant diamagnétique

Paul Langevin

avant que l'orientation des aimants moléculaires sous l'action du champ extérieur y fasse apparaître le paramagnétisme. Les orbites considérées, qui représentent les courants particuliers d'AMPÈRE, sont aussi les circuits de résistance nulle du diamagnétisme de WEBER, avec cette particularité remarquable que le flux qui les traverse ne reste constant, comme le supposait WEBER, que si l'inertie des électrons est tout entière d'origine électromagnétique. J'ai démontré, d'autre part, que les orbites des électrons, supposées circulaires et décrites sous l'action de forces centrales quelconques, ne subissent aucune déformation sous l'action d'un champ magnétique extérieur, la vitesse des électrons étant seule modifiée, et l'on peut, dans l'hypothèse où l'inertie est de nature électromagnétique, se former une conception exacte et simple de tous les faits du magnétisme et du diamagnétisme en considérant les courants particuliers comme des circuits indéformables, mais mobiles, de résistance nulle et d'énorme self-induction auxquels toutes les lois ordinaires de l'induction sont applicables.

XI. — CONCLUSION

La perspective rapide que je viens d'esquisser est pleine de promesses, et je crois que rarement, dans l'histoire de la Physique, on eut occasion de pouvoir regarder si loin derrière soi et si loin devant soi. L'importance relative des diverses portions de ce domaine immense et à peine exploré, apparaît différente aujourd'hui de ce qu'elle était au siècle précédent ; du point de vue nouveau, les divers plans s'agencent dans un ordre nouveau. Les notions électriques, aperçues les dernières, paraissent aujourd'hui dominer tout l'ensemble, comme la place de choix où l'explorateur sent qu'il doit fonder la ville pour s'avancer ensuite vers des pays nouveaux. Les phénomènes mécaniques, les plus évidents de tous ceux dont]a matière est le siège, ont tout d'abord sollicité l'attention de nos ancêtres et les ont amenés à concevoir les notions de masse et de force, lui ont paru longtemps les plus fondamentales, celles à quoi toutes les autres devaient se ramener. A mesure qu'augmentaient les moyens d'investigation, que des faits plus cachés se laissaient découvrir, on a cru longtemps pouvoir les réduire aux anciens, pouvoir trouver partout une explication d'origine mécanique. La tendance actuelle de faire occuper la place prépondérante aux notions électromagnétiques se justifie, ainsi que j'ai cherché à le montrer, par la solidité de la double base sur laquelle repose la notion d'électron : d'une part, la connaissance précise de l'éther électromagnétique, que nous devons à FARADAY, à MAXWELL et à HERTZ, et, d'autre part, l'évidence expérimentale apportée par les travaux récents sur la structure granulaire de l'électricité. De plus, cette confiance que nous éprouvons en regardant le passé s'accroît, s'il est possible, quand nous regardons l'avenir. Déjà toute l'Optique, non seulement de l'éther, mais aussi de la matière, source et récepteur des ondes lumineuses, reçoit une interprétation immédiate que la Mécanique s'était montrée impuissante à lui donner, et cette Mécanique elle-même apparaît aujourd'hui comme une première approximation, largement suffisante dans tous les cas de mouvement de la matière prise en masse, mais dont une expression plus complète doit être cherchée dans la dynamique des électrons. Bien que toutes récentes, les conceptions dont j'ai cherché à donner une idée d'ensemble paraissent ainsi se placer d'emblée au cœur de la Physique entière et agir comme un germe fécond pour en cristalliser autour d'elles, dans un ordre nouveau, les faits les plus éloignés jusqu'ici. Tombant dans un terrain admirablement préparé pour la recevoir, dans l'éther de FARADAY, de MAXWELL et de HERTZ, la notion d'électron, de centre électrisé mobile, que l'expérience nous permet aujourd'hui de saisir individuellement, qui constitue le lien entre l'éther et la matière formée d'un groupement d'électrons, cette notion a pris en peu d'années un développement immense, qui lui fait briser les cadres de l'ancienne Physique et renverser l'ordre établi des notions et des lois pour aboutir à une organisation qu'on prévoit simple, harmonieuse et féconde.

ISBN : 978-1544246376

Paul Langevin

www.ingramcontent.com/pod-product-compliance
Lightning Source LLC
Chambersburg PA
CBHW051823170526
45167CB00005B/2131